爱上科学

ce

01

我的数学之路

My Path to Math

数学思维启蒙全书

第 **1** 辑

数学术语和符号 ｜ 加法 ｜ 减法

■ ［美］保罗·查林（Paul Challen）等 著

阿尔法派工作室 李婷 译

人民邮电出版社

北京

图书在版编目（CIP）数据

我的数学之路 ： 数学思维启蒙全书. 第1辑 ／（美）
保罗·查林（Paul Challen）等著；阿尔法派工作室，
李婷译. 一 北京 ： 人民邮电出版社，2022.5（2022.11重印）
（爱上科学）
ISBN 978-7-115-51064-8

Ⅰ. ①我… Ⅱ. ①保… ②阿… ③李… Ⅲ. ①数学一
少儿读物 Ⅳ. ①01-49

中国版本图书馆CIP数据核字(2021)第065223号

内 容 提 要

数学思维启蒙系列图书，由多位美国中小学的数学教师、教育者共同撰写。本系列图书共3辑，本书为第1辑，
含7册，每册分为不同的数学知识主题，包括数学术语和符号、加法、减法、乘法、除法、时间、分数、几何图形等。
书中用日常生活案例讲解每个数学知识，配合彩图，生动易懂，能够帮助孩子进行数学启蒙，激发学习数学的兴趣，
同时培养数学思维。每章的最后还配有术语解释，有助于孩子理解数学术语。

- ◆ 著　　　[美]保罗·查林（Paul Challen）等
- 译　　　阿尔法派工作室　李　婷
- 责任编辑　周　璇
- 责任印制　彭志环

- ◆ 人民邮电出版社出版发行　　北京市丰台区成寿寺路 11 号
- 邮编　100164　电子邮件　315@ptpress.com.cn
- 网址　https://www.ptpress.com.cn
- 北京宝隆世纪印刷有限公司印刷

- ◆ 开本：690×970　1/16
- 印张：31　　　　　　　　　2022 年 5 月第 1 版
- 字数：323 千字　　　　　　2022 年 11 月北京第 2 次印刷
- 著作权合同登记号　　图字：01-2017-7471 号

定价：189.00 元（全 7 册）
读者服务热线：**(010)81055339**　印装质量热线：**(010)81055316**
反盗版热线：**(010)81055315**
广告经营许可证：京东市监广登字 20170147 号

目 录
CONTENTS

数学术语和符号

加法

减法

数学术语和符号

符号和术语

人们每天都在谈论数学。我们不仅在学校学习数学，在家庭和工作单位也要运用数学。数学术语有助于我们谈论计数或测量的事物。

有时，我们也需要写下有关数学的事物。数学**符号**是一种标记，它代表被计数或被测量的事物。数学符号有助于我们在记录有关数学的事物时少写一点。

拓 展

数字是告诉我们**数量**的数学符号。

¥12 2个

¥6 1个

¥12 4个

¥30 3个

¥12 3个

¥6 2个

数字和符号告诉我们水果价格是多少。

算 式

句子中有许多词语，词语组合在一起可以向我们讲述故事或描述想法。你现在就在念一个句子！

算式也是一种句子，但是它们并不是由词语组成的。算式由数学符号组合而成。算式可以告诉我们有关可以计数的事物的具体情况。1+1=2就是一个算式。

数学符号反映出我们如何**比较**组合。比如等号可以告诉我们两个事物的数量是相等的。

拓 展

算式告诉我们有关数学问题的情况。写下**问题**有助于我们理解它。

数字告诉我们可以计数的事物的情况。

等于

　　艾伦正在陪着祖母购物。祖母需要买一些橙子。艾伦挑选了3个橙子，祖母也挑选了3个橙子。

　　他们比较了两组橙子的数量。艾伦的橙子组和祖母的橙子组数量相同，两组是**相等**的。在算式中可以用等号表明两组是相等的。

$$3 = 3$$

3个橙子等于3个橙子

拓展

　　画出两组橙子，两组橙子的数量要相等，把等号放在两组橙子之间。

相等的组合里所含
事物数量相同。

不等于

艾伦的祖母还想买梨。艾伦从摊上挑了2个梨，他的祖母挑了5个梨。

他们比较了两组梨的数量，艾伦的梨和祖母的梨数量不同。数量不同，所以它们**不相等**。在算式中可以用不等号表明两组是不相等的。

 $2 \neq 5$

2个梨不等于5个梨

拓展

画出数量不同的两组梨，把不等号放在两组梨之间。

不相等的两个组合所含事物数量不同。图中这两组梨的数量是相同的还是不同的？

大于

艾伦挑选了6根香蕉，祖母挑选了4根香蕉。祖母问他："哪组数量更多？"为了得出答案，艾伦比较了这两组香蕉。

艾伦数了自己挑的香蕉数量，然后又数了祖母挑的香蕉数量。艾伦有更多的香蕉。所以，艾伦的香蕉数量**大于**祖母的香蕉数量。在算式中可以用大于号表明一组所含事物数量多于另一组。

6 > 4

6根香蕉大于4根香蕉

拓展

把大于号想象成鳄鱼的嘴巴，鳄鱼总是朝着大的数张开嘴，想要吃掉它。

要想了解一组所含事物数量是否大于另一组，我们必须比较这两组。

小于

艾伦挑选了2个绿苹果，祖母挑选了4个红苹果。哪个组所含事物数量**小于**另一个组所含事物数量？

艾伦和祖母数了一下两个组中苹果的数量，然后他们比较了这两个组。2小于4。艾伦的苹果数量小于祖母的苹果数量。在算式中可以用小于号表明一组所含事物数量少于另一组。

2个绿苹果小于4个红苹果

拓展

把小于号的尖对准较小的数的一边。

我们必须比较两组来了解一组的
数量是否小于另一组。

加

艾伦挑选了3根胡萝卜，祖母挑选了4根胡萝卜，总共有几根胡萝卜？

艾伦可以把两组胡萝卜的数量加起来。他数了一下两组胡萝卜的总数，总共有7根胡萝卜。

艾伦可以使用**加号**来写数学算式。加号是一个数学符号，它写作"+"。在算式中可以用加号表明组合的事物数量被加到一起。

3+4=7

3根胡萝卜加4根胡萝卜
等于7根胡萝卜

拓 展

当你做加法的时候，答案被称作**和**。

艾伦共有几根胡萝卜？

减

艾伦的祖母需要6根胡萝卜，但是艾伦拿回了7根胡萝卜。艾伦拿的胡萝卜太多了，他想把一些胡萝卜放回去。

艾伦必须减去他不需要的胡萝卜。他从他们所拥有的组合里，拿走多余的胡萝卜。艾伦知道他需要使用减号来写数学算式。**减号**是一个数学符号，它写作"－"。减号表明艾伦做了减法。

拓 展

当你做减法的时候，答案被称作**差**。

7减1等于6。

当我们拿走一根胡萝卜时，差是多少？

美元和美分

美元和**美分**也可以是数学术语，它们有助于我们谈论有关钱的问题。

1美元相当于100美分。当某物价格为100美分或更多的时候，我们使用美元符号，它写作"$"。

当某物价格小于1美元时，我们使用美分符号，它写作"¢"。

拓 展

一个西瓜价值3美元，你会使用哪个符号？一个梨价值75美分，你会使用哪个符号？

你能在图片里找到美元
和美分符号吗?

术 语

数量（amount） 事物数目的多少。

美分（cent，¢） 美元的币值单位，1美元相当于100美分。

比较（compare） 辨别事物的异同或高下。

差（difference） 减法运算中，一个数减去另一个数所得的数。

美元（dollar，$） 美元的币值单位，100美分相当于1美元。

相等（equal，=） 两个（或更多个）组合拥有的事物数量相同。

大于（greater than，>） 比另一个数大。

小于（less than，<） 比另一个数小。

减号（minus sign，-） 告诉你要做减法的数学符号。

不相等（not equal，≠） 两个（或更多个）组合拥有的事物数量不同。

加号（plus sign，+） 告诉你要做加法的数学符号。

问题（problem） 要求回答或解释的题目。

和（sum） 加法运算中，数相加所得的数。

符号（symbol） 被计数或被测量过的事物的数学表示。

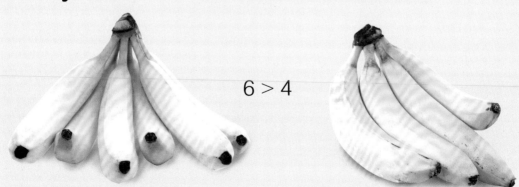

6 > 4

有多少个球

凯莉在足球场，她迫不及待地想要踢足球。玛姬是她的教练。

上周，球队用了6个球。今天，玛姬拿来了3个新球。凯莉想知道球队现在共有多少个球。凯莉的朋友亨利也在球队踢球，亨利知道如何算出他们球队共有多少个球。

凯莉和亨利与教练
玛姬交谈。

汇总

亨利将运用**加法**来计算足球的总数。这意味着他将会算出**和**。和是加法问题的答案。当亨利做加法时，他会用到其他术语和符号。

"总共"这样的词，告诉亨利要做加法。下面的表格中还有一些与加法相关的术语。

加法术语	例子
总共	6个球和3个球 **总共**有多少个球
共计	**共计**多少个球
全部	球的**全部**数量是多少
把……加起来	**把**6和3**加起来**
加	6**加**3等于几

总结

数轴能帮助亨利和凯莉把数相加。

加法中有两个常见**符号**，一个我们称它为"**加号**"，写成"＋"；另一个我们称它为**等号**，写成"＝"。

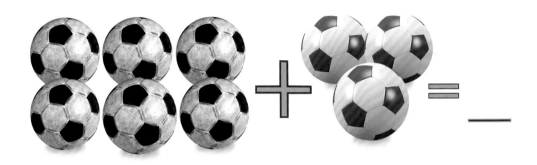

亨利向凯莉展示如何运用数轴解决加法问题。

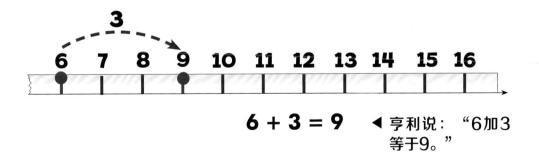

$$6 + 3 = 9$$

◀ 亨利说："6加3等于9。"

零的问题

亨利向凯莉展示最简单的加法问题：他要把0和另一个数字相加。0和另一个数字的和等于0所加的那个数字。所以0+2=2，0+200=200。

亨利指着自己的两只鞋。假如他加上0只鞋，他还是有两只鞋。毕竟亨利不会再有任何额外的脚了！

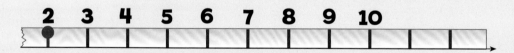

零的问题 2 + 0 = 2

凯莉说："我知道2+0=2。"

再来一个

亨利看到4名运动员正站在一起。不久，又有一名运动员走过去加入了球队。总共有多少名运动员？

亨利告诉凯莉从第4名运动员开始数数。再加1，她说出了下一个数字。下一个数字是5，所以4加1等于5，总共有5名运动员。

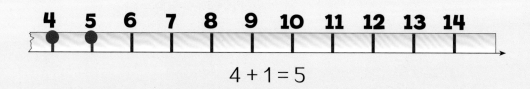

$$4 + 1 = 5$$

拓 展

你能想到最大的数是多少？当你把它加上1时，总和是多少？

依靠加1，凯莉发现了
4+1=5。

只需数下去

　　凯莉想学习做加法的其他方法。亨利向她展示如何靠数数来做加法。他指着一个由5个女孩组成的团队，说要加4个男孩到这个团队中去。他从较大的数字开始数下去。亨利在纸上把5个女孩和4个男孩相加：5+4。

　　从5开始，数上4，亨利便找到了答案：6，7，8，9；5+4=9。所以，5个女孩加上4个男孩等于9名运动员！

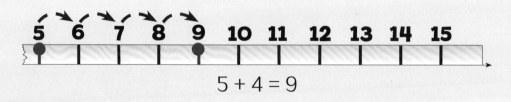

$$5 + 4 = 9$$

总结

　　无论以什么样的顺序将数字**相加**都不会改变结果，这也就意味着5+4=9，同时4+5=9！

◀ 5个女孩在
一个团队
中踢球。

◀ 另有4个男
孩加入。

翻倍

玛姬知道如何把相同的数字相加，她称得到的这些数字为倍数，她教凯莉和亨利把相同的数字相加得到倍数。

为了得到倍数，玛姬用到了**跳跃计数**。所以，要算2+2，玛姬从2开始，跳过2，总和是4。

2+2=4

要算3+3，玛姬从3开始，跳过3，总和等于6。

3+3=6

4+4=8

5+5=10

拓 展

在你周围你还看到了哪些和倍数有关的事物？一辆自行车有几个轮子？一只狗有几条腿？

▲ 4+4意味着运动员的数量翻倍！

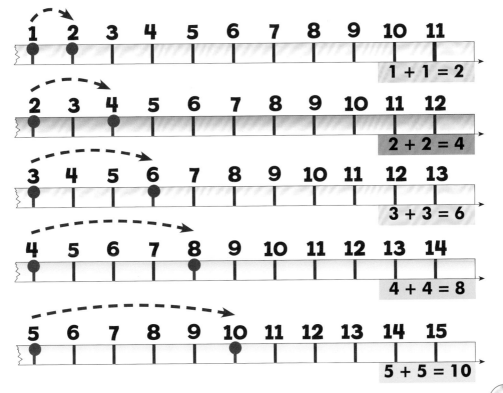

$1 + 1 = 2$

$2 + 2 = 4$

$3 + 3 = 6$

$4 + 4 = 8$

$5 + 5 = 10$

多一点

亨利告诉凯莉："我们可以运用倍数的知识来解决其他问题，比如说我们可以运用翻倍的方式来解决两个相近的数字相加的问题。"

亨利写了一道题。
3 + 4

他说："3+4非常接近于倍数3+3。"它仅仅比3+3大1。
3 + 3 = 6

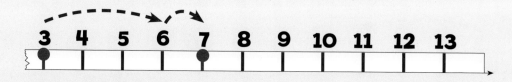

所以 3 + 4 = 7。

凯莉有一个想法。她向亨利展示如何运用：4 + 4。

她回看亨利写的3+4。凯莉说："3+4非常接近于倍数4+4。"它仅仅比4+4小1。

$$4 + 4 = 8$$

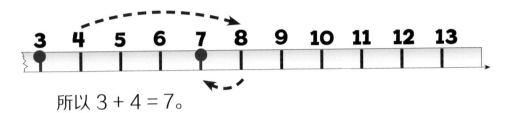

所以 3 + 4 = 7。

亨利在解释如何把相近的数字相加。

加 起 来

玛姬向孩子们展示相加的另一种方法。她画了个表表示加起来等于10的数字组合。

1	+	9	=10
2	+	8	=10
3	+	7	=10
4	+	6	=10
5	+	5	=10

这些数字递增 ← / 这些数字递减 →

凯莉想起可以用任何顺序将这些数相加。所以，她知道右边这张表上的数字组合加起来也等于10。

9	+	1	=10
8	+	2	=10
7	+	3	=10
6	+	4	=10
5	+	5	=10

这些数字递减 ← / 这些数字递增 →

玛姬解释说，用一组和为10的数也有助于解决其他加法问题。思考一下7+5。

玛姬知道7+3=10，她也知道5比3大2，这意味着7+5比7+3大2，所以7+5=12。

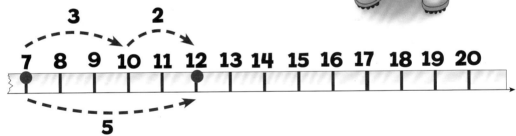

拓展

想想看，该怎么借助上一页表中的数字组合来解决加法问题9+9？

有多少种方法

亨利和凯莉学到了做加法的一些方法。玛姬让他们环视场地。

亨利和凯莉看到了两组运动员。他们穿着不同颜色的制服。有5名运动员穿着红色制服，有6名运动员穿着白色制服。玛姬问："运用你们今天所学到的知识，你们能用几种不同的方法把场地上的运动员相加？"

◀ 这5名运动员穿着红色制服。

▶ 这6名运动员穿着白色制服。

数出来

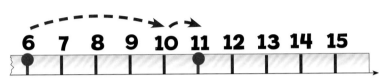

运用和为10的数字组合

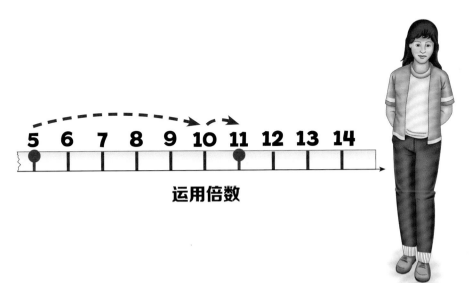

运用倍数

术 语

相加（add） 组合两个或更多的数。

加法（addition） 组合两个或更多的数的运算。

等号（equal sign，=） 表示一个数与另一个数相等。

数轴（number line）

加号（plus sign，+） 加法运算中连接两个数的符号。

跳跃计数（skip count） 以某个数为间隔数数的模式。

和（sum） 加法问题的答案。

符号（symbol） 本册中为代表某种事物或某种运算规则的记号。

多多少

琼喜欢蝴蝶，常去公园欣赏它们。毛毛虫吃植物，化蛹，然后美丽的蝴蝶从蛹中钻出！

这周，3只蝴蝶从蛹中钻出。上周，5只蝴蝶从蛹中钻出。琼想知道上周从蛹中钻出的蝴蝶比这周多多少？"多多少"这样的词意味着琼要**做减法**。

▲ 上周从蛹中钻出的5只蝴蝶。

▲ 这周从蛹中钻出的3只蝴蝶。

琼正在观察蝴蝶。

减法术语

像"多多少"这样的词意味着琼要做减法。
还有一些其他的减法术语。

减法术语	例子
差	5和3的**差**是多少？
减去	**5减去3**是几？
少多少	**3比5少多少？**
减	做5**减**3的运算。
剩多少	从5中减去3，还**剩多少**？

拓 展

你能运用减法术语提出一个问题吗？

54

琼已经听过很多次减法术语了。

比 较

蒂姆也在观察蝴蝶。他是琼的朋友。

蒂姆会谈论有关**比较**的知识。你一般会比较两组事物。选出数量较多的那一组，然后算出较多的那一组比较少的那一组多多少。

请看下面两组关于蛹的图片。5只蛹比3只蛹多。有5只蛹的那组比有3只蛹的那组多2只蛹。

▲ 5比3多2

拓 展

减法问题的答案被称作**差**。

蒂姆告诉琼如何作比较。

减去

琼让蒂姆教她更多关于减法的知识。蒂姆说："减法就是把事物减去一部分"。

蒂姆问琼："你看到花朵旁边的7只蝴蝶了吗？如果其中3只蝴蝶飞走了，结果会怎样呢？"

琼试着减去飞走的蝴蝶。她从7开始，然后减去3。她倒数：6、5、4。所以7减3等于4！

▲ 数轴展示了琼如何按照蒂姆倒数的方法做减法。

拓展

5只蝴蝶落在树上，其中1只飞走了。这时你是会比较蝴蝶前后的数量还是做一道有关蝴蝶的减法题呢？

当蝴蝶飞走的时候，
琼会做减法。

写减法算式

蒂姆向琼展示如何写减法算式。蒂姆用一个**符号**来写减法算式，它被称作**减号**，也就是"–"。

蒂姆告诉琼，她可以运用减号来写她的减法算式。

琼运用**方块**来帮助自己解决减法问题。数字取代了方块的位置。蒂姆在纸上从8个方块中划去了7个方块。

8-7

之后，琼和蒂姆一起通过倒数来找答案：

7、6、5、4、3、2、1。

8-7=1

所以，8减7等于1！

琼写下减法算式。

$8-7=1$

写竖式

你也可以用其他方式来写减法算式。虽然还是用数字，但是你可以用竖式来写，也可以用一条**数轴**表示。

琼想写出"6减2"这个算式。她从6开始写起。

$$\begin{array}{r} 6 \\ - \end{array}$$

琼写下减号。

$$\begin{array}{r} 6 \\ -2 \\ \hline \end{array}$$

现在，琼写下2。
她在2下面画了一条线。

$$\begin{array}{r} 6 \\ -2 \\ \hline 4 \end{array}$$

和琼一起通过倒数来找出答案吧！

如果4只蝴蝶飞走了，
图中还剩几只？

拓 展

用两种不同形式写出"8减4"这道减法题。

缺失的是什么

蒂姆把毛毛虫放在瓶子里，它们很快将会变成蛹。

蒂姆现在准备好12个瓶子。他往7个瓶子里各放一只毛毛虫。那么，要把剩下的空瓶子全放上毛毛虫，蒂姆还需要几只毛毛虫？

减法可以帮忙解决这个问题。你知道：7+__=12。我们可以通过对已知的两个数字做减法来得出缺失的数字。

12-7=___

我们可以通过比较或者倒数来得出差。11、10、9、8、7、6、5。蒂姆还需要5只毛毛虫来填满空瓶子。

12-7=5

蒂姆把毛毛虫放在瓶子里是为了确保它们安全地从蛹中钻出。

减法规则

琼迫切地想要了解更多关于减法的知识。蒂姆教给琼两条重要的减法规则。

规则1：一个数字减去与它相同的数字后等于0。

蒂姆有7只蛹，7只蛹全部钻出蝴蝶。那么还剩多少呢？0！

7-7=0

规则2：一个数字减去0还是它本身。数字不会改变。

琼看到一棵树上有5只蝴蝶。没有蝴蝶飞走。树上还有几只蝴蝶？

5-0=5

树上仍然有5只蝴蝶。

树枝上有7只蛹，7只蛹全部钻出蝴蝶，还剩多少只蛹？

4只蝴蝶在花上停留，没有蝴蝶飞走，还剩几只蝴蝶？

和我一起做减法

琼喜欢做减法。蒂姆给她出了两道题让她试试。拿出一支笔和琼一起解决减法问题吧！

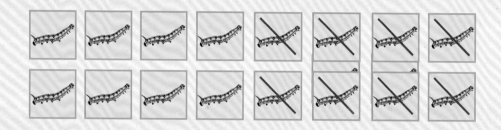

蒂姆原本拿着16只毛毛虫。他给了琼8只。

蒂姆现在还有几只毛毛虫？

琼看到10只蝴蝶，其中有1只蓝蝴蝶。她看到了几只黑蝴蝶？

琼现在可以用不同的方法
解决减法问题。

一

术 语

比较（compare） 辨别事物的异同或高下。

差（difference） 减法问题的答案。

减号（minus sign） 表示减法的数学符号。

数轴（number line） 

做减法（subtract） 从一个数中减去另一个数。

符号（symbol） 代表其他事物的某种记号。

方块（unit block）